高等学校建筑环境与能源应用工程本科指导性专业规范
（2013年版）

高等学校建筑环境与设备工程学科专业指导委员会　编制

中国建筑工业出版社

图书在版编目（CIP）数据

高等学校建筑环境与能源应用工程本科指导性专业规范（2013年版）/高等学校建筑环境与设备工程学科专业指导委员会编制. 北京：中国建筑工业出版社，2013.3（2023.3重印）

ISBN 978-7-112-15187-5

Ⅰ.①高… Ⅱ.①高… Ⅲ.①建筑工程—环境管理—课程标准—高等学校—教学参考资料②房屋建筑设备—课程标准—高等学校—教学参考资料 Ⅳ.①TU-023②TU8-41

中国版本图书馆CIP数据核字（2013）第038794号

责任编辑：王 跃 齐庆梅
责任设计：张 虹
责任校对：肖 剑 王雪竹

高等学校建筑环境与能源应用工程本科指导性专业规范
（2013年版）
高等学校建筑环境与设备工程学科专业指导委员会 编制

*

中国建筑工业出版社出版、发行（北京西郊百万庄）
各地新华书店、建筑书店经销
北京红光制版公司制版
北京建筑工业印刷厂印刷

*

开本：787×1092毫米 1/16 印张：2 字数：43千字
2013年3月第一版 2023年3月第四次印刷
定价：**10.00**元
ISBN 978-7-112-15187-5
（23163）

关于同意颁布《高等学校建筑环境与能源应用工程本科指导性专业规范》的通知

高等学校建筑环境与设备工程学科专业指导委员会：

根据我部和教育部的有关要求，由你委组织编制的《高等学校建筑环境与能源应用工程本科指导性专业规范》，已经通过住房城乡建设部人事司、高等学校土建学科教学指导委员会的审定，现同意颁布。请指导有关学校认真实施。

中华人民共和国住房和城乡建设部人事司

住房和城乡建设部高等学校土建学科教学指导委员会

二〇一二年十二月二十六日

关于同意颁布《高等学校建筑环境与能源应用工程本科指导性专业规范》的通知

[illegible]

[illegible]

[illegible]

前　言

建筑环境与能源应用工程专业(原建筑环境与设备工程专业，以下简称建环专业)作为我国土建领域高级人才培养和科技发展的重要支撑，在国民经济与社会发展中发挥了重要作用。1998年本专业由“供热供燃气通风及空调工程”、“城市燃气工程”合并调整为“建筑环境与设备工程”，新的培养方案历经10年左右的实践日臻完善，在此过程中，2002年建设部开始组织实施专业评估，2003年开始实施注册执业工程师制度。同时，随着国家经济发展、城镇建设发生了巨大变化，本专业办学规模迅速扩大、办学水平不断提高，高校本科人才培养也由过去的“精英型”走向了“大众型”，至2011年底，全国已有181所高校设有建环专业(未统计港澳台)，且数量不断增加。为适应高等教育的快速发展，进一步加强规范化办学，提高教学质量，突出各类高校的办学特色，培养适应社会需求的专门人才，住房和城乡建设部于2010年向高等学校建环专业指导委员会(简称建环专指委)下达任务要求建环专指委编制《高等学校建筑环境与能源应用工程本科指导性专业规范》(以下简称为《专业规范》)。

本《专业规范》是按照教育部有关工程教育专业规范制定的基本原则和要求编制的，于2010年底完成初稿，2011年又结合土建类专业的特色进行了修改，形成的讨论稿在建环专指委的委员中多次征求意见并逐条讨论和修改。

在此期间，教育部对本科专业目录进行了调整，2012年9月公布了新的本科专业目录，本专业名称调整为“建筑环境与能源应用工程”，并入了建筑智能设施(部分)、建筑节能技术与工程两个专业。这就要求本专业规范在内容和范围上进一步考虑新的专业名称与专业内涵。

在2012年暑期举行的建环专指委全体委员会议上，再次对《专业规范(修改稿)》进行了讨论与修改，2012年10月在全国专业负责人会议上又分组对《专业规范(征求意见稿)》征求意见。委员会多次讨论、征求意见，进行汇总修改，于2012年12月最终形成了本《专业规范》。

本《专业规范》适用于在国内高等院校创办建筑环境与能源应用工程本科专业，是本专业的办学规范性文件，是设置建环专业院校必须执行的基本教学文件。本《专业规范》共分七大部分：1. 专业状况和指导性专业规范；2. 专业培养目标；3. 专业培养规格；4. 专业教学内容；5. 本专业的基本教学条件；6. 专业规范与执业注册的关系；7. 专业规范附件。

本《专业规范》制定遵循的基本原则为：多样化与规范性相统一；拓宽专业口径；规范内容最小化；核心知识点为最基本要求。考虑到本专业涉及建筑环境和建筑能源两个主要方向的特点，重点突出了专业知识体系的构成，本专业知识体系由知识领域、知识单元以及核心知识点三个层次组成，每个知识领域包含若干个知识单元，知识单元是本专业知识体系的最小集合，知识单元中包含了核心知识点。而具体的课程则由各高校根据学校学科体系、地域或行业的人才需求，结合规范要求的内容进行自主设置。

设置本专业的各高校在执行本《专业规范》时，应注意《专业规范》中确定的专业知识体系是本专业知识体系的最小集合，是本专业区别于其他专业的知识体系，在此基础上提倡各院校发挥特点，办出特色。

本《专业规范》首次系统地在建环专业的教学体系、教学内容、基本教学条件等方面做了明确的规定，充分体现了建环专业建设与发展的总体要求，对全国各类高校建环专业办学的规范化、特色化及提高教育质量具有重要的指导意义。由于近年来随着建筑业的快速发展、建筑环境与建筑能源领域对人才培养的要求变化较大，涵盖的专业领域、专业内容进一步丰富，本《专业规范》不可能完全适应日益变化的要求。由于是首次尝试，本规范难免有不足之处，敬请各校在执行、使用和实践过程中及时提出宝贵意见和建议，以便今后进一步的完善。

本规范编制主要负责人：沈恒根(东华大学)、朱颖心(清华大学)。

本规范主要编制人员：付祥钊(重庆大学)、姚杨(哈尔滨工业大学)、李永安(山东建筑大学)、吴德绳(北京市建筑设计研究院)、潘云钢(中国建筑设计研究院)、艾为学(机械工业第三设计研究院)。

其他参加人员：建环专指委全体委员、欧阳沁(清华大学)、程海峰(安徽建筑工业学院)。

高等学校建筑环境与设备工程学科专业指导委员会
主任委员　朱颖心
2012 年 12 月 25 日

目　　录

一、专业状况和指导性专业规范

1. 专业的主干学科

建筑环境与能源应用工程（专业代码 081002）属于工学土木类本科专业（专业代码 0810）之一，对应的主干学科为工学一级学科土木工程（专业代码 0814）。研究生授予学位专业为供热、供燃气、通风及空调工程（专业代码 081404）。

建筑环境与能源应用工程的英文名称为：Building Environment and Energy Engineering。

2. 专业的任务和社会需求

建筑环境与能源应用工程专业的任务是以建筑为主要对象，在充分利用自然能源基础上，采用人工环境与能源利用工程技术去创造适合人类生活与工作的舒适、健康、节能、环保的建筑环境和满足产品生产与科学实验要求的工艺环境，以及特殊应用领域的人工环境（如地下工程环境、国防工程环境、运载工具内部空间环境等）。

随着社会经济发展和科技进步，人类居住、产品生产等对建筑环境的要求逐渐提高，建筑能耗快速增长，对建筑环境与能源应用工程专业的人才培养与科学研究提出了更高的要求，人才需求也不断增长，本专业具有良好的就业前景。

3. 专业发展的历史概况

20 世纪 50 年代初期，为了解决第一个五年计划的 156 项重点建设项目（建立我国的重工业基地和国防工业基地）的“三北地区”采暖、工厂通风与建筑空调问题，在哈尔滨工业大学、清华大学、同济大学、东北工学院（转入现西安建筑科技大学）、天津大学、重庆建筑工程学院（并入重庆大学）、太原工学院（现太原理工大学）、湖南大学八所高校先后设立“供热、供煤气及通风”专业，形成了与当时我国社会经济发展相适应、以保障工业生产环境和城市建设相结合的本专业高等技术人才培养的基本格局。20 世纪 70 年代专业名称改为“供热通风”；70 年代后期，“供热通风”专业名称改为“供热通风与空调工程”，同期在重庆建筑工程学院、哈尔滨建筑工程学院、同济大学、北京建筑工程学院、武汉城市建设学院（现并入华中科技大学）等高校专门开始招收燃气专业，设有本专业的院校增至 16 所。20 世纪 80 年代后期，本专业方向进一步扩展为采暖、通风、空调、空气洁净、制冷、供热、供燃气。1987 年专业目录调整为“供热、供燃气、通风及空调工程”与“城市燃气工程”两个专业。1998 年普通高等学校本科专业目录将本科专业“供热、供燃气、通风及空调工程”与“城市燃气工程”专业合并调整为“建筑环境与设备工程”，设有本专业的院校增至 68 所。进入 21 世纪，随着我国城镇建设、工业建设快速发展，人才需求锐增，截至 2011 年底，设置本专业的高等院校发展到 181 所，在校生人数 4.25 万人。2012 年普通高等学校本科专业目录中把建筑智能设施（部分）、建筑节能技术与工程两个范围扩展为建筑环境控制、城市燃气应用、建筑节能、建筑设施智能技术等领域，专业名称调整为“建筑环境与能源应用工程”。

2002年本专业开始实施与注册工程师执业资格相配套的高等学校本科专业评估，截至2012年6月通过本科专业评估的院校达到29所，它们已成为该专业发展的骨干高校。

2003年本专业对应的注册工程师实施执业资格考试，在资格考试的基础(公共基础、专业基础)考试、专业考试大纲中，明确了本专业工程师需要掌握的知识体系。

4. 专业的发展战略

根据《国家中长期教育改革和发展规划纲要(2010—2020年)》的要求，本专业要注重提高人才培养质量，加强专业知识体系建设，做好实验室、校内外实习基地、课程教材等教学基本建设，深化教学改革，强化实践教学环节，推进技术创新创业教育，全面实施高校本科教学质量与教学改革工程。

(1) 满足社会发展对建筑环境与能源应用工程专门人才的需求

随着全球人口增长、资源受限、能源紧缺所引发的矛盾日渐尖锐，我国城镇化、工业化进程仍存在较大的发展空间。因此，本专业必须满足行业发展的人才需求，不断提升教学理念，根据需求优化本专业知识体系和教学方法，不断完善及更新教学内容。

(2) 重视培养学生的实践能力，突出创新人才培养

根据社会对本专业毕业生实践能力的需求，应进一步加强创新型的人才培养，把创新的意识、思维、方法以及能力的培养要贯穿在整个教学过程中。本专业需在理论教学和实践训练之间找好结合点，把实验(试验)、实习、设计、工程案例、课外科技活动等实践性环节作为知识传授、创新能力培养的载体，不断完善人才培养方案，优化教学计划，通过实践教学环节深化对专业理论知识的掌握。加强具有创新性实践能力的师资队伍建设、校内外实践基地的建设与管理、创新平台的建设与完善。

(3) 鼓励在宽口径基础上办好本专业

由于历史原因，过去我国许多高校隶属于行业或地方，长期在某一方向开办本专业。今后一段时间内，需按照指导性专业规范进行宽口径的专业建设，根据学校所在地域、行业以及学校的办学特点，在拓宽专业口径的基础上办出特色，以满足国家经济建设对专业人才的多样化需求。

(4) 进一步加强现有本专业的高校在教学基础条件上的建设力度

目前全国设有本专业的院校大多数是1999年以后新办的，一般招生量比较大，在师资、实验室、图书资料等方面建设需要加大投入，通过多种途径总结交流教学经验，提高办学质量。今后一个时期内，专业指导委员会需搭建多种形式的办学交流平台，引导这些院校围绕专业人才培养质量和办学特色进行建设，鼓励这些院校积极参加专业教学质量评估。

（5）加强特色专业、精品课程、规划教材的建设

本专业教学要有国际视野，进一步加强国际合作交流，博采众长。各高校要通过本专业教学科研团队建设，促进本专业本科教学，创建特色课程，形成精品课程体系。专业指导委员会也要规划教材体系，组织专业水平高、教学经验丰富的教师编写宽口径、与课程体系密切衔接的课程教材。

5. 专业规范的说明

（1）基本原则

本专业规范制定的基本原则为：多样化与规范性相统一；拓宽专业口径；规范内容最小化；核心知识点为最基本要求。

“多样化与规范性相统一”的原则是既坚持统一的专业标准，又允许学校多样性办学，鼓励办出特色；

“拓宽专业口径”的原则主要体现为专业规范按照专业知识体系要求构建宽口径的知识单元；

“规范内容最小化”的原则体现为专业规范所提出的知识单元和实践技能占用总学时比例尽量少，为各学校留有足够的办学空间，有利于推进学校特色的建设；

“核心知识点为最基本要求”的原则主要是指本专业规范只提出了反映本专业知识单元的基本要求。这种做法有利于鼓励不同院校在满足本专业本科教育基本要求的基础上，充分发挥各自的办学特色。

（2）知识体系构建

本专业知识体系由知识领域、知识单元及核心知识点三个层次组成，每个知识领域包含若干个知识单元，知识单元是本专业知识体系的最小集合，知识单元中包含了核心知识点。在规范要求的知识体系外，由各高校根据本校实际情况设置选修内容，避免雷同。

在自然科学、工程技术基础、专业基础、专业知识内容中要注重知识领域、知识单元、核心知识点之间的关系，注意知识传授的递进，明确对知识体系学习要求的深度（掌握、熟悉、了解），通过本专业学习使学生具有扎实的理论基础和系统宽广的专业知识。

（3）课程体系设置

课程体系是实现知识体系教学的基本载体，专业核心课程是对应本专业知识领域设置的必修课程。本专业规范鼓励各院校根据本校实际情况（学校学科体系、地域或行业的人才需求、设置的专业方向、师资的结构与水平、生源与知识基础）进行课程体系重新设置。但要注意设置的课程体系必须涵盖本专业要求的知识领域、知识单元及其核心知识点，课程名称及其内容组合可根据各校的具体情况进行合理的设置，并明确给出本专业的核心课程以及其他课程需完成的教学任务、相应的学时和学分。专业知识体系和课程体系的关系参见附件一。

二、专业培养目标

培养具备从事本专业技术工作所需的基础理论知识及专业技术能力，在设计研究、工程建设、设备制造、运营等企事业单位从事采暖、通风、空调、净化、冷热源、供热、燃气等方面的规划设计、研发制造、施工安装、运行管理及系统保障等技术或管理岗位工作的复合型工程技术应用人才。

三、专业培养规格

本专业培养的毕业生应达到如下知识、能力与素质的要求：

1. 政治思想

具有强烈的社会责任感、科学的世界观、正确的人生观，求真务实的科学态度，踏实肯干的工作作风，高尚的职业道德以及较高的人文科学素养。

具有可持续发展的理念，以及工程质量与安全意识。

2. 知识结构

具有基本的人文社会科学知识，熟悉哲学、政治学、经济学、社会学、法学等方面的基本知识，了解文学、艺术等方面的基础知识，掌握一门外国语。

具有扎实的数学、物理、化学的自然科学基础，了解现代物理、信息科学、环境科学的基本知识，了解当代科学技术发展的主要方面和应用前景。

掌握工程力学(理论力学和材料力学)、电工学及电子学、机械设计基础及自动控制等有关工程技术基础的基本知识和分析方法。

掌握建筑环境学、流体力学、工程热力学、传热学、热质交换原理与设备及流体输配管网等专业基础知识；系统掌握建筑环境与能源应用领域的专业理论知识、设计方法和基本技能；了解本专业领域的现状和发展趋势。

熟悉本专业施工安装、调试与试验的基本方法；熟悉工程经济、项目管理的基本原理与方法。

了解与本专业有关的法规、规范和标准。

3. 能力结构

(1) 具有应用语言(包括外语)、文字、图表、计算机和网络技术等进行工程表达和交流的基本能力。

(2) 具有综合应用各种手段查询资料、获取信息的能力，以及拓展知识领域、继续学习的能力。

(3) 具有一定的国际视野和跨文化环境下的交流、竞争与合作的初步能力。

(4) 具有综合运用所学专业知识与技能，提出工程应用的技术方案、进行工程设计以及解决本专业一般工程问题的能力。

(5) 具有使用常规测试仪器仪表的基本能力。

(6) 具有参与施工、调试、运行和维护管理的能力，具有进行产品开发、设计、技术改造的初步能力。

(7) 具有应对本专业领域的危机与突发事件的初步能力。

4. 身体素质

具有健全的心理和健康的体魄，掌握保持身体健康的体育锻炼方法，能够胜任并履行建设祖国的神圣义务，能够胜任建筑环境与能源应用工程专业的工作。

四、专业教学

1. 专业的知识体系

建筑环境与能源应用工程专业培养的学生应系统掌握的本专业知识体系包括通识性知识、自然科学和工程技术基础知识、专业基础知识及专业知识。本专业知识体系包括的主要知识领域为：

(1) 热科学原理和方法；

(2) 力学原理和方法；

(3) 机械原理和方法；

(4) 电学与智能化控制；

(5) 建筑领域相关基础；

(6) 建筑环境控制与能源应用技术；

(7) 工程管理与经济；

(8) 计算机语言与软件应用。

建筑环境与能源应用工程的知识体系的教学包括课程教学和实践教学。课程教学是知识体系教学的基本载体。

2. 知识体系的课程教学

(1) 课程教学的基本设置

建筑环境与能源应用工程专业的知识体系的内容及其教学类别的基本设置见表1，主要包括：通识知识课程教学；自然科学和工程技术基础知识课程教学；专业基础知识课程教学；专业知识课程教学。

通识知识、自然科学和工程技术基础的知识课程教学一般由学校统一安排，本专业主要承担专业基础知识的课程教学、专业知识的课程教学。

专业的知识体系与教学类别的关系 **表1**

序号	教学类别	主要知识领域和知识单元
1	通识知识	外国语、信息科学基础、计算机技术与应用
		政治历史、伦理学与法律、管理学、经济学、体育运动及军事理论与实践
2	自然科学和工程技术基础知识	数学、普通物理学、普通化学、画法几何与工程制图、理论力学、材料力学、电子电工学、机械设计基础、自动控制基础
3	专业基础知识	工程热力学、传热学、流体力学、建筑环境学、热质交换原理与设备、流体输配管网、建筑概论
4	专业知识	建筑环境控制系统、冷热源设备与系统、燃气储存与输配、燃气燃烧与应用、建筑设备系统自动化、建筑环境与能源系统测试技术、工程管理与经济

(2) 专业知识领域与知识单元

专业知识领域是指反映本专业特性和特点的知识体系的构成部分，核心课程是进行本专业知识体系教学设置的基本课程，本规范中列出的知识单元主要对应专业基础知识与专业知识，应作为各校设置核心课程的必修内容。

各校在课程体系中可以按本规范规定的知识单元内容进行核心课程设置，可以根据本校实际情况分设课程或合并课程进行设置。有关计算机语言与软件应用知识领域的核心课程可按工科非计算机专业要求进行设置，机械原理和方法知识领域的核心课程可按工科非机类或近机类专业要求进行设置。

与各专业知识领域相对应的知识单元为：

1) 热学原理和方法：工程热力学、传热学、热质交换原理与设备；

2) 力学原理和方法：理论力学、材料力学、流体力学、流体输配管网；

3) 机械原理和方法：机械设计基础、画法几何与工程制图；

4) 电学与智能化控制：电工与电子学、自动控制基础、建筑设备系统自动化；

5) 建筑领域相关基础：建筑环境学、建筑概论；

6) 建筑环境控制与能源应用技术：建筑环境控制系统(建筑环境方向)、冷热源设备与系统(建筑环境方向)、燃气储存与输配(建筑能源方向)、燃气燃烧与应用(建筑能源方向)、建筑环境与能源系统测试技术；

7) 工程管理与经济；

8) 计算机语言与软件应用。

构成专业知识领域的知识单元应作为必修内容。各校在课程体系中可以按本规范规定的知识单元内容进行课程设置，可以根据本校实际情况分设课程或合并课程进行设置。

(3) 关键专业基础知识单元

以下为本专业关键专业基础的知识单元，其具体核心知识点见附件二的附表2-1。

1) 工程热力学

2）传热学

3）流体力学

4）建筑环境学

5）热质交换原理与设备

6）流体输配管网

（4）关键专业知识单元

以下为本专业关键专业知识单元，其具体核心知识点见附件二的附表2-2。其中1)和2)为建筑环境方向所要求的专业知识单元，3)和4)为建筑能源方向所要求的专业知识单元。

1）建筑环境控制系统

2）冷热源设备与系统

3）燃气储存与输配

4）燃气燃烧与应用

5）建筑环境与能源系统测试技术

6）建筑设备系统自动化

7）工程管理与经济

3. 知识体系的实践教学

建筑环境与能源应用工程知识体系的实践教学(见表2)由实验、实习、设计、科研训练等方式进行。实践教学的作用主要是培养学生具有实验基本技能、工程设计和施工的基本能力、科学研究的初步能力等。实践教学体系中的实践领域、实践单元以及核心知识技能点见附件三。

建筑环境与能源应用工程专业的知识体系的实践教学内容　　表2

序号	教学类别	教学内容
1	实验	公共基础实验：自然科学与工科工程技术基础的教学实验
		专业基础实验：建筑环境与能源应用工程专业基础知识的教学实验
		专业实验：建筑环境与能源应用工程专业知识的教学实验
2	实习	金工实习：机械制造各工种(车、钳、铣、磨、焊、铸等)
		认识实习：专业设施、设备、运行系统的初步了解
		生产实习：专业设施与设备制作、安装或系统调试运行的工程实践
		毕业实习：专业工程设计或科研项目的专题实习
3	设计	课程设计：专业工程方案设计
		毕业设计：专业工程方案与施工设计
4	科研训练	毕业论文：专业技术问题研究(与毕业设计二选一)
		大学生课外创新训练(自选)

(1) 实验

实验包括公共基础实验、专业基础实验、专业实验等。公共基础实验参照学校对工科学科的要求，统一安排实验内容。

专业基础实验有：建筑环境学、工程热力学、传热学、流体力学、热质交换原理与设备、流体输配管网等课程实验。

专业实验有：采暖、空调、通风系统相关的实验，冷热源设备相关的实验，燃气燃烧与输配贮存系统相关实验、建筑设备自动化和测量技术相关的实验。

专业基础实验、专业实验可以采用设置专门的实验课程或随课程设置，实验课程设置的学分不低于2学分。

实验的基本要求：

1) 掌握正确使用仪器、仪表的基本方法；正确采集实验原始数据；正确进行实验数据处理的基本方法；

2) 熟悉常用的仪器仪表、设备及实验系统的工作原理；对实验结果具有初步分析能力，能够给出比较明确的结论；

3) 了解实验内容与知识单元课程教学内容间的关系。

(2) 专业实习

专业实习包括：金工实习；认识实习；生产(运行)实习；毕业实习。各学校可以根据自身特点对实习进行统筹安排及有所侧重。专业实习学分按1周核计1学分进行计算。

金工实习参照学校对工科学科的要求，统一安排实习内容，一般不少于2周。

认识实习一般不少于1周，基本要求为：

1) 了解本专业建筑环境及其设备系统的知识要点和教学的整体安排；了解本专业的研究对象和学习内容；

2) 增加对本专业的兴趣和学习目的性，提高对建筑环境控制、城市燃气供应、建筑节能、建筑设施智能技术等工程领域的认识，为专业课程学习做好准备。

生产实习一般不少于2周，基本要求为：

1) 了解本专业设备生产、施工安装、运行调试等过程的工作内容，主要专业工种，常用的技术规范、技术措施、验收标准等；

2) 增加对建筑业的组织机构、企业经营管理和工程监理等建立感性认识；增强对专业课程中有关专业系统、设备及其应用的感性认识等。

毕业实习一般不少于2周，基本要求为：

1) 了解本专业工程的设计、施工、运行管理等过程的工作内容；专业相关新技术、新设备和新成果的应用；有关工程设计、施工和运行中应注意的问题。

2) 增强对专业设计规范、标准、技术规程应用的认识。

(3) 专业设计

专业设计包括：专业课程设计总周数一般不少于5周；毕业设计(或毕业论文)一般不少于10周。

课程设计的基本要求：

1）掌握工程设计计算用室内外气象参数的确定方法；工程设计的基本方法；工程设计所需负荷计算、设备选型、输配管路设计、能源供给量等的基本计算方法。

2）熟悉工程设计方案、设计思想的正确表达方法；熟悉建筑参数、工艺参数、使用要求与本专业工程设计的关系。

3）了解工程设计的方法与步骤；所设计暖通空调与能源应用工程系统的设备性能等；工程设计规范、标准、设计手册的使用方法。

毕业设计的基本要求：

1）掌握综合工程方案设计的方法；建筑负荷计算、设备选型、输配管路设计、能源供给量等的计算方法；利用工程图纸正确表达工程设计的方法。

2）熟悉工程设计规范、标准、设计手册的使用方法；在对用户需求分析、资源分析、技术经济分析的基础上，能够进行方案论证选定，并做出运行调节方案。

3）了解所设计暖通空调与能源应用工程系统的设备性能；了解所做工程设计的施工安装方法及所做工程的投资与效益。

4. 科研训练

毕业论文的基本要求：

(1) 掌握科研论文的写作的基本方法和科研工作的基本方法。

(2) 熟悉科研论文正确表达研究成果的方法；使用试验研究的仪器仪表、系统装置；研究中所使用的分析方法；表达试验研究成果的基础数据。

(3) 了解所研究问题的技术背景和研究成果的用途。

提倡和鼓励学生积极参加大学生课外科技创新活动和本专业组织的国际、国内大赛。

五、本专业的基本教学条件

1. 教师

(1) 开办本专业需设置专业教学组织（系所或室）进行专业日常教学管理。通识性知识、自然科学和工程技术基础知识教学的教师一般由学校统一安排，专业基础知识、专业知识教学由专业教学组织进行协调安排。

(2) 专业教育的教师人数可以按承担本专业学生的教学工作量进行分摊，按不同招生规模的师生比进行人员配置见表3，本专业的专业教师数一般不少于8人。

(3) 承担专业课程教学的教师，一般具有研究生学历，其中高级职称的教师人数不少于2人，中级及以上职称教师人数比例不低于70%。本专业教师一般具有工程经历或工程背景，也可聘请工程技术专家任专、兼职教师。

建筑环境与能源应用工程专业配备专业教师数　　表3

序号	折合学生总数(人)	教师数下限(人)
1	120	8
2	240	12
3	480	16

承担专业基础课程或专业课程教学的主讲教师要求同时能够进行课程相关的实验课教学和课程设计教学。

(4) 教师每人指导课程设计的学生数一般不多于30人，教师每人指导毕业设计(论文)的学生数一般不多于8人。承担课程设计、毕业设计的指导教师一般需有工程经历或工程背景。

2. 教材

教材内容应覆盖本专业要求的知识单元，教材或讲义一般要满足培养方案和教学计划的要求，并符合学校的办学特色，宜优先选用本专业指导委员会推荐教材。

3. 图书资料

学校图书馆中应有与本专业学生数量成比例的专业图书、刊物、标准规范及其他资料，应具有数字化资源和具有检索这些信息资源的工具。

专业所在学院应设有专业资料室，配有电子阅览器，备有专业主要参考书籍、标准规范、手册、刊物、图纸资料供本专业教学使用，每年有一定的补充量。保存近五年本专业学生的课程设计、毕业设计、实验与实习报告等资料。

4. 实验室

应有专门设置的专业实验室，满足专业基础课和专业课的实验要求。实验内容可根据本校的专业方向和具体情况有所侧重，提倡开设综合型实验。有条件的学校可以独立设置本专业的实验课程。

实验室管理应有完备的实验教学大纲、教学计划、任务书、实验指导书等教学文件，以及管理条例、设备使用情况记录等管理文件。

实验设备拥有率应保证操作性实验每组不多于5人，演示性实验每组不多于20人。

实验经费落实到专业实验室，保证仪器设备完好率不低于95%，每年有一定的补充更新量。

5. 实习基地

有相对稳定的校内外实习基地不少于3个，实习基地应符合专业认识实习、生产(运行)实习的要求，配备实习大纲和实习指导书等文件。

校外实习基地应有规章制度、相对稳定的兼职指导教师和必要的实习资料档案。

6. 教学经费

教学经费主要指用于本科教学师资队伍的建设费用、实验室费用、图书资料费用、学生实习实践活动费用、教学基地建设费用等。

开办的建筑环境与能源应用工程专业的教学仪器设备总价值应不低于100万元，且生均教学仪器设备应不低于6000元。学校每年应提供专业实验室用于仪器设备维护、更新的经费。

教学经费投入(不含研究生教学经费)按每年的本科学生数统计，生均投入应不少于学生所缴学费的10%。每年的专业教学经费应落实到所在专业。

7. 其他

本专业应配置能够进行科学计算、设计制图的计算机及配套的相应软件，有供学生课程设计和毕业设计使用的专门教室或计算机房。

六、专业规范与执业注册的关系

本专业已列入国家执业注册工程师专业，应注意国家执业注册考试(基础考试、专业考试)对本专业知识体系的要求。

七、专业规范附件

附件一　专业知识体系和课程体系的关系

附件二　关键知识单元的核心知识点

附件三　专业实践体系

附件一

专业知识体系和课程体系的关系（参考）

<table>
<tr><th rowspan="2">序号</th><th rowspan="2">知识体系
（课时/学分）</th><th colspan="3">课程体系</th><th rowspan="2">参考举例
（课程/学分）</th></tr>
<tr><th>序号</th><th>知识领域</th><th>知识单元</th></tr>
<tr><td rowspan="2">1</td><td rowspan="2">工具性知识</td><td>1</td><td>外国语</td><td></td><td rowspan="2">大学英语/16、计算机文化基础/4、计算机语言及程序设计/4</td></tr>
<tr><td>2</td><td>计算机技术与应用</td><td></td></tr>
<tr><td rowspan="8">2</td><td rowspan="8">政法军体知识</td><td>1</td><td>哲学</td><td rowspan="8"></td><td rowspan="8">马克思主义基本原理/3、毛泽东思想和中国特色社会主义理论体系/6、中国近代史纲要/2、思想道德修养与法律基础/3、形势与政策/3、体育/6、军事理论/2</td></tr>
<tr><td>2</td><td>政治学</td></tr>
<tr><td>3</td><td>历史学</td></tr>
<tr><td>4</td><td>法学</td></tr>
<tr><td>5</td><td>社会学</td></tr>
<tr><td>6</td><td>经济学</td></tr>
<tr><td>7</td><td>体育</td></tr>
<tr><td>8</td><td>军事</td></tr>
<tr><td rowspan="3">3</td><td rowspan="3">自然科学知识</td><td>1</td><td>数学</td><td rowspan="3"></td><td rowspan="3">高等数学/12、线性代数/2、概率论与数理统计/3；大学物理/9；普通化学/2</td></tr>
<tr><td>2</td><td>物理学</td></tr>
<tr><td>3</td><td>化学</td></tr>
<tr><td rowspan="8">4</td><td rowspan="5">专业基础
核心知识</td><td>1</td><td>热科学原理与方法</td><td>传热学、工程热力学、热质交换原理与设备</td><td rowspan="8">工程热力学/4、传热学/4、热质交换原理与设备/3；理论力学/4、材料力学/3、流体力学/4、流体输配管网/3；机械设计基础/3、画法几何与工程制图/6；电工与电子学/7、自动控制基础/3、建筑设备系统自动化/2；建筑环境学/3、建筑概论/2、建筑工程施工管理与经济/2；暖通空调或燃气储存与输配/7、建筑冷热源或燃气应用/4、建筑环境与能源应用工程测试技术/2、工程经济学/2</td></tr>
<tr><td>2</td><td>力学原理与方法</td><td>理论力学、材料力学、流体力学、流体输配管网</td></tr>
<tr><td>3</td><td>机械原理与方法</td><td>机械设计基础、画法几何与工程制图</td></tr>
<tr><td>4</td><td>电学与智能化控制</td><td>电工与电子学、自动控制基础、建筑设备系统自动化</td></tr>
<tr><td>5</td><td>建筑领域相关基础</td><td>建筑环境学、建筑概论</td></tr>
<tr><td rowspan="3">专业核心知识</td><td>6</td><td>建筑环境控制与能源应用技术</td><td>建筑环境控制系统、冷热源设备与系统、燃气储存与输配、燃气燃烧与应用、建筑环境测试技术</td></tr>
<tr><td>7</td><td>工程管理与经济</td><td></td></tr>
<tr><td>8</td><td>计算机语言
与软件应用</td><td></td></tr>
<tr><td>5</td><td>其他</td><td></td><td>自行设置</td><td></td><td>专业选修课程，人文选修课等</td></tr>
</table>

附件二

关键知识单元的核心知识点

关键专业基础的知识单元 **附表 2-1**

知识单元	核心知识点
工程热力学	热力学基本概念 掌握热力系统，热力系统的划分；平衡状态，准平衡过程和可逆过程；工质的热力状态及其基本状态参数，功量与热量，热力循环及经济性评价指标
	气体的热力性质 了解理想气体与实际气体的概念；掌握理想气体状态方程；理想气体比热容，比热容与温度的关系；混合气体的性质，道尔顿分压定律和分体积定律，混合气体成分表示方法及换算，混合气体气体常数、比热容、热力学能、焓和熵
	热力学第一定律 了解热力学能和总能，系统与外界传递的能量；掌握闭口系统能量方程，开口系统能量方程，开口系统稳态稳流能量方程，稳态稳流能量方程的应用
	理想气体的热力过程及气体压缩 掌握热力过程的目的及一般方法；绝热过程，多变过程的综合分析，压气机的理论压缩轴功，活塞式压气机的余隙影响，多级压缩及中间冷却
	热力学第二定律 掌握热力学第二定律的实质及表达；卡诺循环与卡诺定理；状态参数熵及熵方程，孤立系统熵增原理与作功能力损失
	水蒸气 掌握相变及相图，水蒸气的定压发生过程，水蒸气表与焓-熵图，水蒸气的基本热力过程及其分析和计算
	湿空气 熟悉湿空气性质，干球温度、露点温度、绝热饱和温度和湿球温度；湿空气的焓-湿图，湿空气的基本热力过程
	气体和蒸汽的流动 掌握流动的基本方程，定熵流动的基本特征；喷管计算、背压变化对喷管内流动的影响；具有摩擦的绝热流动，绝热节流
	动力循环 了解朗肯循环，回热循环与再热循环，热电循环
	制冷循环 掌握逆卡诺循环，空气压缩制冷循环，蒸气压缩制冷循环，蒸汽喷射制冷循环、热泵，制冷循环与制热循环的评价指标
	溶液热力学基础 了解溶液的一般概念，二元溶液的温度-浓度图和焓-浓度图，相律
传热学	传热学的基本概念 掌握热量传递的基本方式、传热过程
	导热基本定律 掌握导热理论基础（基本概念及傅里叶定律，导热系数，导热微分方程式）
	稳态导热与非稳态导热 掌握稳态导热、非稳态导热、导热数值解法基础

续表

知识单元	核心知识点
传热学	对流换热 掌握对流换热分析(对流换热微分方程组，边界层换热微分方程组，边界层换热积分方程)；单相流体对流换热(自由运动，强制对流)
	凝结与沸腾换热 掌握凝结换热、沸腾换热、热管的概念、原理和计算
	辐射换热 掌握热辐射的基本定律；辐射换热计算
	换热器的传热原理 掌握通过肋壁的传热、传热的增强和削弱、换热器的形式和基本构造、平均温度差、换热器计算、换热器性能评价
流体力学	流体力学的基本概念 掌握作用在流体上的力、流体的主要力学性质、力学模型
	流体静力学 掌握流体静压强及其特性、分布规律、压强基准与单位、液柱测压计；作用于平面、曲面的液体压力
	一元流动力学基础 掌握欧拉法与拉格朗日法、恒定流与非恒定流、流线与迹线； 掌握一元流动模型、连续性方程、恒定元流与总流能量方程、恒定流动量方程、总水头线和测压管水头线、总压线和全压线
	流态与流动损失 掌握层流与紊流、雷诺数、圆管中的层流、尼古拉兹试验、紊流运动特性和紊流阻力、沿程损失和局部损失
	孔口管嘴流动与气体射流 掌握孔口自由出流、孔口淹没出流、孔口汇流、管嘴出流、无限空间淹没紊流射流特征、圆断面射流、平面射流、温差或浓差射流、有限空间射流
	不可压缩流体动力学基础 掌握流体微团运动、有旋流动、连续性微分方程、黏性流体运动微分方程、应力和变形速度的关系、纳维-斯托克斯方程、理想流体运动微分方程、流体流动的初始条件和边界条件、紊流运动微分方程及封闭条件
	流体绕流流动 掌握无旋流体、平面无旋流动、势流叠加；绕流运动与附面层基本概念、附面层动量方程、曲面附面层的分离与卡门涡街、绕流阻力与升力
	相似性原理与因次分析 掌握力学相似性原理、相似准则、模型律、因次分析法
	管路流动 掌握简单管路、管路的串联与并联、有压管中的水击、工业管道紊流阻力系数、非圆管的沿程损失、管道流动的局部损失、减阻措施；气体液体多相流管流水力特征
建筑环境学	建筑外环境 了解地球与太阳之间的关系，熟悉太阳辐射，室外气候(大气压力、空气温度和湿度、有效天空温度、地温、风)，城市微气候(日照、热岛、风场等)，我国气候分区
	建筑热湿环境 了解太阳辐射对建筑物的热作用，掌握非透明围护结构和透明围护结构的热、湿传递、室内的显热与潜热得热来源和描述方法，冷负荷与热负荷，典型负荷计算方法原理
	人体对热湿环境的反应 掌握人体对热湿环境反应的生理学和心理学基础，人体对稳态热环境的反应，人体对动态热环境的反应，不同类型热湿环境的评价指标，热环境与劳动效率

续表

知识单元	核心知识点
建筑环境学	室内空气品质 了解室内空气品质的概念，问题产生的原因，影响室内空气品质的污染源与污染途径，室内空气品质对人体的影响；掌握评价指标和评价标准，控制室内空气污染的基本方法
	室内空气环境的理论基础 了解自然通风与机械通风，余压的概念，风压和热压及其作用，空气的稀释与置换，局部通风的方法，掌握室内空气环境的评价指标以及测量方法
	建筑声环境 掌握基本概念(声音的性质、特点和基本计量物理量)，人体对声音环境的反应原理与噪声评价，声音传播与衰减的原理，材料与结构的声学性能，噪声控制与治理的基本方法
	建筑光环境 掌握光的性质与度量，视觉与光环境，天然采光，人工照明，光环境控制技术
热质交换原理与设备	传质的理论基础 掌握传质的基本概念，扩散传质、对流传质的过程及分析，相际间的热质传递模型
	传热传质的分析和计算 掌握动量、热量和质量的传递类比，对流传质的准则关联式，热量和质量同时进行时的热质传递
	空气热质处理方法 掌握空气处理的各种途径，空气与水/固体表面之间的热质交换过程及主要影响因素
	吸附和吸收处理空气的原理与方法 了解用吸收剂处理空气和用吸附材料处理空气的原理与方法
	间壁式热质交换设备的热工计算 掌握间壁式热质交换设备的基本性能参数及其影响因素，间壁式热质交换设备的热工计算方法
	混合式热质交换设备的热工计算 掌握混合式设备发生热质交换的特点，影响混合式设备热质交换效果的主要因素，混合式热质交换设备的热工计算方法
	复合式热质交换设备的热工计算 掌握影响复合式设备热质交换效果的主要因素，蒸发冷却式空调系统的热工计算方法，温湿度独立处理设备及其应用
流体输配管网	管网功能与水力计算 了解流体输配管网的基本功能、基本组成与基本类型；掌握流体输配管网水力计算的基本原理和方法；枝状管网水力共性与水力计算的方法
	泵与风机的理论基础 了解离心式泵与风机的基本结构；掌握离心式泵与风机的工作原理及性能参数；离心式泵与风机的基本方程-欧拉方程；泵与风机的损失与效率；性能曲线及叶型对性能的影响；相似律与比转数
	泵、风机与管网系统的匹配 掌握泵、风机在管网系统中的工作状态点；泵、风机的工况调节；泵、风机的安装位置；泵、风机的选用
	枝状管网水力工况分析与调节 掌握管网系统压力分布；调节阀的节流原理与流量特性、调节阀的选择；管网系统水力工况分析；管网系统水力平衡调节
	环状管网水力计算与水力工况分析 了解管网图及其矩阵表示；掌握恒定流管网特性方程组及其求解方法；环状管网的水力计算；环状管网的水力工况分析与调节；角联管网的流动稳定性及其判别式；动力分布式管网的水力工况分析与调节

关键专业知识单元　　附表 2-2

知识单元	核心知识点
建筑环境控制系统	室外、室内设计参数与冷热负荷 了解设计参数确定的原则、方法、现行标准。 掌握负荷的组成部分与确定方法、不同类型建筑负荷的特征、根据负荷的变化特性对建筑进行分区
	室内环境控制系统的类型 掌握各种室内温湿度、空气品质控制系统(如空调、供暖、通风系统)的类型、特点、组成，应用条件(负荷分区特征匹配，新风利用的便利性等)与应用案例分析
	主要空气处理设备 掌握原理与基本构成，包括热湿处理设备(含热回收设备)，空气净化设备。 掌握单个热湿设备空气处理过程的焓湿图分析，多重热湿设备组合应用的空气处理过程的焓湿图分析。 了解单个空气净化设备与多重组合应用的性能特点
	主要末端形式 内容包括送风末端、对流末端、辐射末端。掌握类型、构成，气流分布，热湿交换性能，形成的室内热环境与声环境特点，适用条件
	各种环境控制系统的性能特征 掌握集中式、半集中式、分散式环境控制系统的室内环境调节性能与能耗特点；全年运行调节方法。 了解火灾排烟系统的构成、特点与运行方式，与常规环境控制系统的关联与区别
	水与冷热媒输配系统 了解水与冷热媒输配系统的冷热量输配能力、运行调节方法，掌握水压图分析与能耗特点。 了解热水与冷水输配系统的共性与个性特点；蒸汽输配系统的性能特点；冷却水系统的构成与性能特点
	环境控制系统的噪声与振动控制 了解各种消声器的类型、特点与用法，各类隔振的技术措施；掌握消声量的确定方法
冷热源设备与系统	制冷与热泵的热力学原理 掌握蒸气压缩式制冷和热泵循环原理、理想制冷循环、理论制冷循环与实际制冷循环，在压焓图上的表示、循环的热力计算，制冷循环性能的改善，制冷循环与热泵循环的关系
	制冷工质 了解制冷剂、润滑油、载冷剂；ODP 与 GWP；制冷剂的热力学特性和物理化学特性；冷冻油对制冷系统的影响；载冷剂的种类与选用方法
	制冷与热泵系统的主要设备 掌握压缩机、冷凝器、蒸发器、节流装置等设备的原理和计算方法
	压缩式制冷/热泵机组 了解各种制冷机组、热泵机组的类型、组成、工作特性、容量调节性能
	吸收式冷热水机组 了解吸收式制冷机的基本原理及其热力系数的基本概念、二元溶液的基本性质、单效与双效吸收式制冷系统的基本原理与机组结构、吸收式热泵的基本原理及其应用场合
	锅炉设备原理与系统 掌握锅炉的基本构造、工作原理、基本特性；了解锅炉房设备的组成，供热与生活热水锅炉的类型
	燃料与燃烧 了解燃料的化学成分、燃料的燃烧、烟气分析、锅炉的热平衡与热效率、不完全燃烧热损失、排烟热损失、热负荷变动时的热效率、燃烧器
	冷热源机房及辅机 了解锅炉水循环及汽水分离、烟风系统
	冷热源系统方案与能耗分析 了解制冷和热泵机组类型与调节特性，掌握各种冷热源系统组合方案的全年能耗分析与运行策略

续表

知识单元	核心知识点
燃气储存与输配	燃气负荷 了解燃气各类用户用气定额、用气量；掌握城市燃气需用量、燃气需用工况；燃气管道小时计算流量、燃气供需平衡及理论储气量
	燃气储存 掌握压缩天然气储存及工艺流程；液化天然气储存及工艺流程；地下储气库类型、调峰特点；管道储气原理及计算；常规储气罐类型、构造及附件
	燃气长距离输送系统 掌握长距离输气系统的构成；输气干线起点站的任务及工艺流程；输气干线设施要求；燃气分配站的任务及工艺流程；输气干线及线路选择
	城镇燃气输配系统 了解城市燃气管道的分类；掌握城市燃气管网系统的构成与选择；城市燃气管道的布线原则；各种管材的特点及施工方法；钢制燃气管道腐蚀分类及防腐方法
	建筑燃气系统 了解建筑燃气供气系统的构成、布线原则；高层建筑供应技术特点；工业燃气供应系统
	燃气输配主要设备 掌握燃气管道附属设备及结构(阀门、补偿器、排水器及闸井)；调压器工作原理及调压器分类、调压器的调节性能曲线、流通能力计算；压缩机分类、结构及工作原理、压缩机特点及变工况调节
	燃气输配主要场站 掌握各种储配站/气化站/混气站的选址、功能及布置(低压储配站、高压储配站、压缩天然气储配站、液化天然气气化站、液化石油气储配站、气化站和混气站、压缩天然气母站、汽车加气站)；压缩机站的工艺流程及布置；调压站分类、特点及选址
	燃气管网系统的运行调节 掌握燃气分配管道连接方式、计算流量的确定；燃气管网的水力计算及用户处压力波动范围；低压、高中压管网计算压力降的确定；低压管网起点压力为定值时水力工况；低压管网起点压力按月调节时水力工况
	燃气管网技术经济及可靠性 掌握燃气输配方案技术经济比较方法；调压站最佳作用半径技术经济分析；燃气管道的技术经济计算；低压管网的可靠性；高中压管网的可靠性；提高输配管网水力可靠性途径
	燃气安全 掌握燃气安全基本理论；燃气输配系统的安全运行；超高层建筑燃气供应的安全措施；液化天然气储罐的安全运行
燃气燃烧与应用	燃气特性及气质 了解燃气分类；掌握各种燃气的热力特性、物化参数计算；城市燃气质量要求；燃气加臭
	燃气净化 掌握燃气净化理论基础；燃气冷凝、燃气脱硫、燃气脱水方法及设备；天然气开采基本过程、井场流程和集输流程；天然气净化；生物制气及净化
	燃烧基础理论 掌握热值、燃烧需要空气量、燃烧产物计算；CO与过剩空气系数；燃烧温度与温焓图；化学反应速度、链反应、燃气的着火与点火；自由射流、相交射流、旋转射流、平行射流
	燃气燃烧的火焰传播 掌握火焰传播的理论基础；法向火焰传播速度的测定；影响火焰传播速度的因素；混合气体火焰传播速度的计算；紊流火焰传播；火焰传播浓度极限
	燃气燃烧方法 掌握扩散式燃烧；部分预混式燃烧；完全预混式燃烧；燃烧过程的强化与完善
	燃气燃烧器与燃烧器设计 了解燃烧器的分类与技术要求；掌握扩散式燃烧器与设计、计算；部分预混式燃烧器与设计、计算；完全预混式燃烧器与设计、计算；特种燃烧器

续表

知识单元	核心知识点
燃气燃烧与应用	民用燃气具 了解各种商业、民用燃气具；掌握民用燃具的工艺设计与检测；民用燃具的通风排烟；燃气空调技术：燃气直燃吸收式制冷；燃气热泵
	工业燃烧器与炉窑 了解燃气工业炉窑的结构与热工制度；余热回收技术；CCHP原理与基本构成，包括原动机、余热回收设备；设计流程
	燃气互换性 掌握燃气互换性与灶具适应性；华白数；火焰特性对燃气互换性的影响；燃气互换性的判定
	燃气燃烧的自动与安全控制 掌握自动点火方式；自动控制；安全控制；爆炸的预防
建筑环境与能源系统测试技术	测试技术的基本知识 掌握测量与测量仪表的基本概念，主要包括测量的概念、测量方法分类、测量仪表的功能、测量仪表性能指标以及计算的基本概念等
	温度湿度的测定 掌握温标的基本知识，膨胀式温度计、热电偶、热电阻的工作原理和使用方法，温度测量的误差分析，温度变送和自动测量方法。 各种不同类型湿度计的工作原理和使用方法，湿度测量的误差分析，湿度变送和自动测量方法
	压力的测定 掌握液柱式压力计、弹性式压力计、电气式压力计的工作原理和使用方法，压力测量的误差分析，压力参数的变送
	流速流量的测定 掌握毕托管、热线风速仪、热球风速仪的测量原理和使用方法，流速测量的误差分析，流速参数的变送。 掌握各种流量计的工作原理和使用方法，流量测量的误差分析，流量参数的变送
	热流量的测定 掌握阻式热流计的工作原理和使用方法，测量误差分析和参数变送
	声、光环境的测定 掌握环境噪声、照度的测量，声级计、照度计的工作原理和使用方法，测量误差分析和参数变送
	空气品质的测定 掌握气体成分的测量、VOC、颗粒含量的测量
	液位的测定 掌握浮力式液位计，差压式液位计，电接触式液位计的测量原理和使用方法，测量误差分析，液位参数变送
	误差与数据处理 掌握直接测量值和间接测量值的误差分析，测量结果的不确定度计算
	智能仪表与分布式自动测量 了解智能仪表和自动测量系统，测量系统设计的基本原则、方法
建筑设备系统自动化	自动控制系统的基本概念和术语 掌握自动控制系统的组成、基本术语、控制理论的基本知识、基本原理、拉氏变换分析方法等
	不同调节方法的特点 了解通断控制、比例调节、积分调节、微分调节与PID调节的特点，PID调节的实现和实际中的问题、其他的单回路闭环控制调节方法(模糊控制、神经元方法、控制论方法等)
	传感器 掌握常用传感器的性能特点与选用、温湿度等物理参数的准确测量、开关型输出的传感器

续表

知识单元	核心知识点
建筑设备系统自动化	执行器与控制器 掌握常用执行器的性能特点、执行器的选择及其接口电路、基于计算机的控制器、控制器外电路、控制，保护和调节逻辑、控制调节过程
	暖通空调系统控制 掌握单房间和多房间全空气系统的温湿度控制、空气处理过程控制、变风量系统控制、半集中空调系统控制、供暖系统控制等
	冷热源及水系统控制 掌握冷热源设备的基本启停操作与保护、制冷机组控制调节、小型热源控制调节、冷冻水系统控制、冷却水系统与冷却塔控制、循环水系统优化控制、蓄冷系统优化控制
	其他建筑设备系统控制 了解照明系统、输配电系统、电梯扶梯、给排水系统、通风排风系统等的控制
	通讯网络技术 了解被控设备的网络连接、数据的传输、网络设备的协调、建筑自动化系统中的数据特点、OSI通信参考模型、常见的通信网络技术等
	建筑自动化系统 掌握建筑物的信息系统（弱电系统）、建筑设备系统的监测控制、建筑自动化系统的实现方法（功能分析与设计、信息点的确定与信息流的设计、硬件平台、手动/自动转换模式、中央控制管理功能、系统安全性等）
工程管理与经济	常用材料、管道及配件 了解常用的管材、阀门、紧固件，钢制管道、铜制管道、塑料、复合材料管道加工与连接的基本知识
	建筑环境与能源设备系统安装 了解暖通空调系统、冷热源系统、燃气输配与应用设备系统、城市热力系统施工安装的基本知识
	施工组织 掌握施工组织设计；施工成本与进度控制；施工质量与安全控制
	建筑工程的项目管理 了解工程项目管理组织；项目计划管理的内容及编制程序；项目控制及协调
	招投标与合同管理 了解安装工程招标投标程序；招标投标的有关法律规定；合同的订立、履行；合同的变更、解除及合同争议的解决；建设工程合同的内容及相关法律法规
	工程建设费用与工程预算 掌握投资估算；设计概算；施工图预算；施工预算；工程结算和竣工结算；竣工决算；设计概算、施工图预算和竣工决算的关系
	施工组织与验收工程规范与标准 了解标准规范的主要内容；规范与标准的一般规定；规范与标准的主控项目；规范与标准的一般项目

附件三

专业实践体系

专业实践体系中的实践领域与实践单元　　附表 3-1

<table>
<tr><th>序号</th><th>实践领域</th><th>实践单元</th><th>实践环节</th></tr>
<tr><td rowspan="2">1</td><td rowspan="2">实验</td><td>专业基础知识的教学实验：流体力学实验、工程热力学实验、传热学实验、建筑环境学实验、流体输配管网实验、热质交换原理与设备实验</td><td>专业基础实验</td></tr>
<tr><td>专业知识的教学实验：采暖、空调、通风系统相关的实验；冷热源设备相关的实验；燃气燃烧(燃气热值、比重、气相色谱分析等)基本性质实验与输配贮存系统相关实验；建筑设备自动化和测量技术相关的实验</td><td>专业实验</td></tr>
<tr><td rowspan="4">2</td><td rowspan="4">实习</td><td>专业设施、设备、运行系统的初步了解：采暖、空调、通风系统、燃气贮存与输配的设备与系统、建筑冷热源或燃气燃烧与应用的设备与系统相关内容</td><td>认识实习</td></tr>
<tr><td>机械制造各工种(车、钳、铣、磨、焊、铸等)：了解铸造、锻压、焊接、热处理等非切削加工工艺及车工，铣工，特殊加工(线切割，激光加工)，数控车，数控铣，钳工，沙型铸造，等各工种的基本操作</td><td>金工实习</td></tr>
<tr><td>通过动手实践熟悉本专业相关的以下领域内容之一：设备生产、施工安装、系统调试、运行管理等；增加对建筑业的感性认识；增强对专业课程中有关专业系统、设备及其应用的感性认识等</td><td>生产实习</td></tr>
<tr><td>专业工程设计或科研项目的专题实习：了解与毕业题目相关的工程设计、设备研发、生产、施工、运行调节等内容；相关的新技术、新设备和新成果的应用；有关工程设计、施工及运行中应注意的问题</td><td>毕业实习</td></tr>
<tr><td rowspan="2">3</td><td rowspan="2">设计</td><td>专业工程方案设计：掌握工程设计计算用室内外气象参数的确定方法；工程设计的基本方法；工程设计所需负荷计算、设备选型、输配管路设计、能源供给量等的基本计算方法。熟悉工程设计方案、设计思想的正确表达方法；熟悉建筑参数、工艺参数、使用要求与本专业工程设计的关系</td><td>课程设计</td></tr>
<tr><td>专业工程方案与施工设计：掌握综合工程方案设计的方法；建筑负荷计算、设备选型、输配管路设计、能源供给量等的计算方法；工程图纸正确表达工程设计的方法。熟悉工程设计规范、标准、设计手册的使用方法；能够进行方案论证选定，并做出运行调节方案</td><td>毕业设计</td></tr>
</table>

实验领域的核心实践单元和核心知识技能点　　附表 3-2

<table>
<tr><th>序号</th><th>实践环节</th><th>实践单元</th><th>知识技能点</th></tr>
<tr><td>1</td><td>专业基础实验</td><td>建筑环境学、工程热力学、传热学、流体力学、热质交换原理与设备、流体输配管网等课程实验</td><td rowspan="2">掌握正确使用仪器、仪表的基本方法；正确采集实验原始数据；正确进行实验数据处理的基本方法；
熟悉常用的仪器仪表、设备及实验系统的工作原理；对实验结果具有初步分析能力，能够给出比较明确的结论；
了解实验内容与知识单元课程教学内容间的关系。
专业基础实验每实践单元不少于 2 项。专业实验每实践单元不少于 3 项。
提倡综合性实验</td></tr>
<tr><td>2</td><td>专业实验</td><td>采暖、空调、通风系统或燃气贮存与输配相关的课程实验，建筑冷热源设备或燃气燃烧与应用相关的课程实验，建筑自动化和测量技术相关的课程实验</td></tr>
</table>

实习领域中的核心实践单元和知识技能点 **附表 3-3**

序号	实践单元	知识技能点
1	认识实习	建筑环境方向： 了解采暖、空调、通风系统的构成与主要设备，冷热源系统的构成与主要设备，室内环境的控制技术的发展现状。 建筑能源方向： 了解燃气相关的基本知识与民用、商用燃气具；燃气输配系统的基本组成；燃气工业炉窑与燃烧器
2	金工实习	熟悉： 机械制造的主要工艺方法和工艺过程； 各种设备和工具的安全操作使用方法； 掌握对简单零件加工方法选择和工艺分析的能力； 培养认识图纸、加工符号及了解技术条件的能力
3	生产实习	建筑环境方向掌握以下领域内容之一： 暖通空调或冷热源主要设备的生产过程和加工方法； 暖通空调与冷热源设备的施工安装组织与方法； 暖通空调与冷热源设备系统的调试与故障诊断方法； 暖通空调与冷热源设备系统的运行管理方法。 建筑能源方向掌握： 燃气输配系统与设备知识； 燃气管道的施工安装组织的基本知识； 民用商用燃气具的基本知识与结构； 燃气空调与工业炉窑的基本知识与系统组成
4	毕业实习	结合毕业设计课题，调查同类工程的实际情况； 熟悉工程设计过程、步骤，掌握搜集相关原始资料和制定工程方案的方法； 熟悉工程施工安装、设备运行管理方法； 熟悉相关的工程规范、标准

课程设计领域中的实践单元和知识技能点 **附表 3-4**

序号	实践单元	知识技能点
1	空调、供暖与通风系统	掌握暖通空调系统的冷、热负荷计算；通风量的确定；空气处理过程方案；空气处理设备的选择、设计和校核计算；室内辐射末端装置选择、室内气流组织计算；风道布置与水力计算；空调通风机房布置；冷、热水系统方案设计、管路布置、水力计算与水力工况分析；供暖系统热力入口的设计；暖通空调系统的全年运行调节方案；消声隔振设计；施工图绘制
2	冷热源设备与系统	掌握冷热源的冷、热负荷的确定方法；冷热源方案设计；制冷剂、冷热媒的选定与参数计算；冷热源设备选型计算；冷却水系统设计选型；热力站换热器选择与设计计算；水处理系统设计；汽水系统设计；送引风系统设计；冷热源站房布置；冷热源系统的运行调节方案；消声隔振设计；施工图绘制
3	工业通风	掌握工业有害物负荷确定；控制工业有害物的通风方案；通风排气净化设备选择与计算；通风管道布置与计算；通风系统设备选择与计算；施工图绘制
4	燃气生产工艺	掌握小型 LNG、LPG 场站布置；气化设备换热计算；运行管理方案设计；主要设备选型计算；水力计算；施工图绘制
5	燃气输配	掌握燃气性质计算；区域燃气供应：用气量、调峰与储气计算；管网水力计算；室内燃气管道计算；调压器选型计算；施工图绘制
6	燃气燃烧应用	掌握燃烧器的功率确定；燃烧方式的选择；燃烧器设计计算；有关功能方面的考虑(大锅灶、工业炉、热水器等的不同需求)；自动控制系统的组成与选择；施工图绘制

注：1～3 为建筑环境方向课程设计；4～6 为建筑能源方向课程设计。提倡进行综合型课程设计。

毕业设计(或毕业论文)领域中的实践单元和知识技能点 **附表 3-5**

<table>
<tr><th>序号</th><th>实践单元</th><th>知识技能点</th></tr>
<tr><td rowspan="6">1</td><td rowspan="6">建筑环境方向
毕业设计 1
(14 周)</td><td>熟悉开展调查研究，收集资料的方法。熟悉本课题的目的、要求、意义，了解国内外发展水平，写出开题报告</td></tr>
<tr><td>阅读中外文献，完成不少于 10000 字符的外文文献翻译</td></tr>
<tr><td>掌握方案设计与论证方法：
1) 比较论证暖通空调系统与冷热源设计方案，确定一个经济合理、技术可行的设计方案，写出方案论证报告；
2) 暖通空调系统与冷热源全年运行调节与自动控制方案设计</td></tr>
<tr><td>熟悉设计计算方法：包括本工程的负荷计算、风量计算、管路水力计算、阻力平衡计算、设备选型计算等</td></tr>
<tr><td>熟悉图纸的绘制：要求 AUTOCAD 绘图，完成暖通空调系统平面图、水系统平面图、剖面图、系统图、机房大样图、冷热源机房平面布置图、流程图等至少 8 张 A2 图纸</td></tr>
<tr><td>掌握设计说明书的编写方法：按学位论文格式要求</td></tr>
<tr><td rowspan="6">2</td><td rowspan="6">建筑能源方向
毕业设计 2
(14 周)</td><td>熟悉开展调查研究，收集资料的方法。熟悉本课题的目的、要求、意义，了解国内外发展水平，写出开题报告</td></tr>
<tr><td>阅读中外文献，完成不少于 10000 字符的外文文献翻译</td></tr>
<tr><td>掌握方案设计与论证方法：比较和选择、论证设计方案，确定一个经济合理、技术可行的设计方案，写出方案论证报告</td></tr>
<tr><td>熟悉输配系统的设计：包括燃气负荷计算、管网水力计算、调压器等设备的选型计算等；燃烧应用方面：包括燃烧器设计计算、测试设备选型等；气源方面：包括 LNG、LPG 场站内设备选择、工艺布置、运行管理等</td></tr>
<tr><td>熟悉图纸的绘制：要求 AUTOCAD 绘图，输配方面：完成调压站平面图、管网水力计算图等至少 6 张 A2 图纸；应用方面：完成燃烧器总装图、炉窑工艺设计图、天然气汽车的燃气供应部分等至少 6 张 A2 图纸；气源方面：完成小型 LNG、LPG 气源站工艺平面图、设备图等至少 6 张 A2 图纸</td></tr>
<tr><td>掌握设计说明书的编写方法：按学位论文格式要求</td></tr>
<tr><td rowspan="4">3</td><td rowspan="4">毕业论文
(14 周)</td><td>掌握：选题背景与意义；研究内容及方法；国内外研究现状及发展概况</td></tr>
<tr><td>掌握有关理论方法和计算工具以及实验手段，初步论述、探讨、揭示某一理论或技术问题，具有综合分析和总结的能力</td></tr>
<tr><td>掌握给出主要研究结论与展望的方法，有一定的见解</td></tr>
<tr><td>掌握毕业论文的写作方法：按学位论文格式要求</td></tr>
</table>

高校建筑环境与能源应用工程学科专业指导委员会规划推荐教材
“十二五”普通高等教育本科国家级规划教材

征订号	书名	作者	定价(元)
20976	工程热力学(第五版)	廉乐明　等	33.00
20895	传热学(第五版)	章熙民　等	37.00
22813	流体力学(第二版)	龙天渝　等	36.00
19567	建筑环境学(第三版)	朱颖心　等	37.00
18803	流体输配管网(第三版)(含光盘)	付祥钊　等	45.00
20625	热质交换原理与设备(第三版)	连之伟　等	35.00
16924	建筑环境测试技术(第二版)	方修睦　等	36.00
21927	自动控制原理	任庆昌　等	32.00
15543	建筑设备自动化	江　亿　等	26.00
18271	暖通空调系统自动化	安大伟　等	30.00
21012	暖通空调(第二版)	陆亚俊　等	38.00
18069	建筑冷热源	陆亚俊　等	37.00
20051	燃气输配(第四版)	段常贵　等	38.00
19286	空气调节用制冷技术(第四版)	彦启森　等	30.00
12168	供热工程	李德英　等	27.00
14009	人工环境学	李先庭　等	25.00
21022	暖通空调工程设计方法与系统分析	杨昌智　等	18.00
21245	燃气供应(第二版)	詹淑慧　等	36.00
20424	建筑设备安装工程经济与管理(第二版)	王智伟　等	35.00
24287	建筑设备工程施工技术与管理(第二版)	丁云飞　等	48.00
20660	燃气燃烧与应用(第四版)	同济大学　等	49.00
20678	锅炉与锅炉房工艺	同济大学　等	46.00